Indian Magical Method

すぐ暗算できる！

ドリル版

インド式
かんたん計算法

 水野 純

JN020796

三笠書房

「インド式かんたん計算法」で頭がどんどんよくなる！これだけの理由

眠れないほどおもしろい、
ミラクルな「たし算」「ひき算」「かけ算」！

① 得点力が一気にUP！

◆計算力が養われるので、テストでも
仕事でも、問題を解くのが速くなる！

② 合格力が一気にUP！

◆頭の回転が速くなるので、各種試験
・検定で「人一倍の結果」が出せる！

③ 受験力（じゅけんりょく）が一気（いっき）にUP！

◆論理力（ろんりりょく）が身（み）につくので、中学受験（ちゅうがくじゅけん）は
もちろん、高校（こうこう）・大学受験（だいがくじゅけん）にも有効（ゆうこう）！

子（こ）どもにも、大人（おとな）にも
「うれしい変化（へんか）」が、
たくさん起（お）こる本（ほん）！

④ 算数力（さんすうりょく）が一気（いっき）にUP！

◆数字（すうじ）センスが磨（みが）かれるので、算数（さんすう）・
数学（すうがく）が大好（だいす）きになって、成績（せいせき）もUP！

⑤ 集中力（しゅうちゅうりょく）が一気（いっき）にUP！

◆暗算（あんざん）が得意（とくい）になると、イメージ力（りょく）が
自然（しぜん）と強化（きょうか）され、右脳（うのう）が活性化（かっせいか）する！

「インド式計算法」で
かんたんに
暗算ができる！　頭が磨かれる！

　子どもから大人まで、計算力を養うことはとても大事です。

　まず、子どもが計算力を養えば、いいことがたくさんあります。

　算数や理科のテストで、いい点数がとれるだけではありません。世の中のしくみや、お金の流れといったことも、理解しやすくなります。

　それが、子どもの自信につながることは言うまでもありません。そのような自信は、子どもが中学受験、高校受験という経験を乗り越えていくうえで、とても大きな力になるのです。

　大人が、計算力を養えば、脳が自然と活性化されます。問題解決力や集中力が高まることになり、仕事の問題をいままでより速く解決することができますし、脳を若いまま保てるので、老化の防止にもつながります。

　つまり、子どもも大人も、計算力を養えば、いいことばかりなのです。

　その計算力をかんたんに養える方法が、「インド式計算法」なのです。

　インド式の計算法は不思議でおもしろいものばかり。誰もがつい夢中になる魔法のような魅力があります。この本で紹介したドリルを楽しんでいるうちに、子どもも大人も、すぐ暗算ができるようになるのです。

　インドの人は、算数や計算に強いと言われています。

　実際、算数の能力や高い計算力が求められる、世界のＩＴ業界や金融

業界で、たくさんのインドの人たちが活躍しています。なかには、世界的な企業のトップにまで出世するインドの人も珍しくはありません。

　そのため、最近では、「計算に強くなる＝頭がよくなる＝出世できる＝高い収入を得られる＝尊敬される」と考えている人も多いようです。

　では、インドの人たちは、なぜ算数や計算が得意なのでしょうか？

　それは、インドの人たちが、子どものころから、算数や計算が得意になるような独特の計算法——つまり、この本で紹介する「インド式計算法」——を学んでいるからだと言われています。インドでは、小学生のうちに「19×19」のかけ算までを暗記していると言われています。

　たとえば、16×14 を「インド式計算法」で、解いてみましょう。

　ちょっと不思議な計算法ですが、最初に「十の位の数」と「十の位の数に1をたした数」をかけます。「1×2」ですから、「2」になりますね。

　次に「一の位の数」どうしをかけます。「6×4」ですから「24」。この「24」を、さきほどの「2」のとなりに並べると、「224」になります。

　この「224」が、「16×14」の答えなのです。

　いかがでしょうか？　このように「インド式計算法」を使うと、2ケタ×2ケタのかけ算を、一瞬で、しかも暗算でできてしまうのです。

　この本では、数ある「インド式計算法」の中から、わかりやすくて、おもしろいメソッドを5つ選んで紹介します。たし算、ひき算が1つずつ。かけ算が3つです。魅力的な計算法を体感し、その感動を味わってください。「インド式かんたん計算法」の世界へ、ようこそ！

もくじ

1章　インド式かんたん たし算

2章　インド式かんたん ひき算

● 3章　インド式かんたん かけ算【第1メソッド】 ●

● 4章　インド式かんたん かけ算【第2メソッド】 ●

● 5章　インド式かんたん かけ算【第3メソッド】●

6章 インド式かんたん「まとめテスト」

編集協力　株式会社エディット
本文DTP　株式会社千里

本書の使い方

― 計算が苦手な人でも、すぐできる！ ―

①この本は、「インド式計算法」のとてもかんたんな入門書です。むずかしい本ではないので、安心してください。

②計算が苦手な人、算数が好きでない人でも、楽しめるように、できるだけわかりやすく説明してあります。

③「インド式計算法」は、ふつうの計算とはちがって、魔法のような魅力があるので、ページをめくっているうちに、計算や算数が大好きになっているかもしれません。

― 書き込むと、頭がよくなるよ！ ―

①この本は、「書き込み式」のドリルになっています。空欄にしっかりと数を書き込みましょう。

②本に直接、書き込んでもいいですし、本をコピーして、そのコピーに書き込んでもいいです。

③大事なことは、えんぴつを使って書き込むこと。書き込むことで、脳が活性化され、「インド式計算法」が身につき、頭もよくなります！

「インド式たし算」から、はじめよう！

①「インド式計算法」は2ケタ×2ケタのかけ算が有名ですが、この本は、「インド式たし算」からはじまります。

②「インド式たし算」も魔法のような計算法ですが、「インド式かけ算」にくらべると、わかりやすいので、頭の準備体操にぴったりなのです。

③「たし算」「ひき算」を解いて、頭が十分にやわらかくなったところで、「かけ算」にチャレンジしましょう！

3つのステップで、覚えよう！

①「インド式計算法」は3つのステップで覚えると、とてもかんたんに身につきます。

②ですから、この本では「たし算」「ひき算」「かけ算」すべてを3つのステップで計算するようにしています。

③まずは、「ステップ1」「ステップ2」を練習して脳を活性化し、最後に「ステップ3」までのすべてのステップを練習するようになっています。

1章 インド式かんたん たし算

◆ 「56＋38」「18＋29」……　2ケタのたし算も、一瞬で解ける！

まずは、たし算からはじめましょう。

「インド式たし算」では、2ケタのたし算もかんたんにできます。

「インド式たし算」は、「キリのよい数」を使って考えるのがコツ。「キリのよい数」を使うと、驚くほどかんたんに答えが出るからです。

その「キリのよい数」をつくる数を「補数」といいます。

補数　キリのよい数にするための数。

◎キリのよい数とは 10、20、30、…と一の位が 0 になる数のこと。

たとえば、9をキリのよい数にしてみましょう。

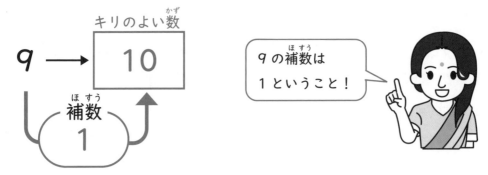

9 の補数は 1 ということ！

9 の補数は 1 になります。

インド式のたし算では、補数とキリのよい数を使って、計算をします。

56+38 インド式のたし算の順序

たとえば、「56+38」をキリのよい数を使って計算してみましょう。

ステップ❶

38 を、補数を使って、キリのよい数にします。

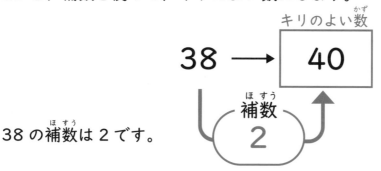

キリのよい数

38 ⟶ 40

補数
2

38 の補数は 2 です。

ステップ❷

次に、キリのよい数を使って、計算をします。

キリのよい数　A

56+ 40 = 96

くり上がりが
なくて、かんたん！

キリのよい数字を使うと、かんたんに計算できますね。

ステップ❸

ステップ❷ の答えから補数をひきます。

A　　　　補数　　　　答え

96 − 2 = 94

これが答え！

答えは94ですね。

キリのよい数を使って計算するのが、インド式！
ポイントは、「補数がいくつだったか」を覚えて、計算を進めること。
それでは、ステップに分けて、インド式のたし算をしてみましょう。

●まずは補数とキリのよい数を計算する練習をしましょう。

☐にはいちばん近いキリのよい数を、◯には補数をいれましょう。

▶答えは 118 ページ

① 88 →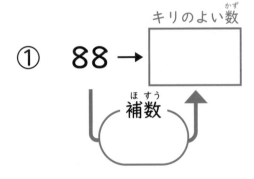

② 97 →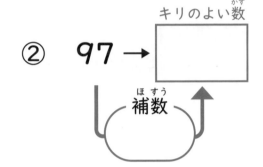

③ 79 →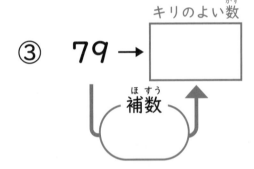

④ 46 →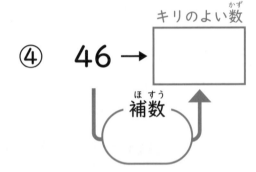

⑤ 16 →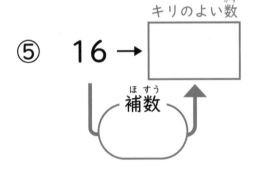

⑥ 48 →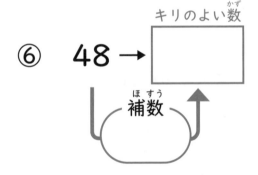

⑦ 27 →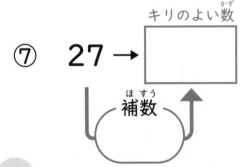

⑧ 89 →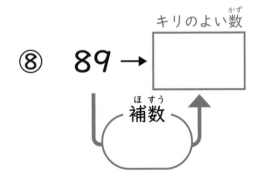

キリのよい数が作れるようになったら、いよいよインド式の2ケタのたし算にチャレンジ！

1 次の①、②の □ と ◯ にあてはまる数をいれましょう。

▶答えは118ページ

① 18＋29

② 44＋47

ステップ❶

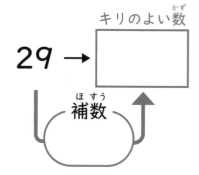

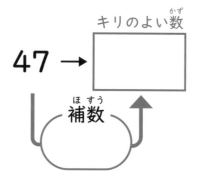

ステップ❷

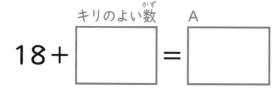

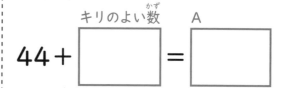

ステップ❸

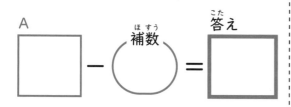

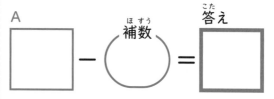

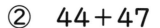

2 次(つぎ)の①、②の▭と◯にあてはまる数(かず)をいれましょう。

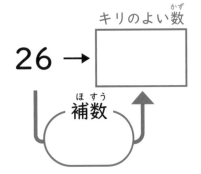

キリのよい数(かず)

26 →

補数(ほすう)

ステップ②

キリのよい数(かず)　　A

15＋▭＝▭

ステップ③

A

補数(ほすう)

答(こた)え

▭ － ◯ ＝ ▭

② 24＋49

ステップ①

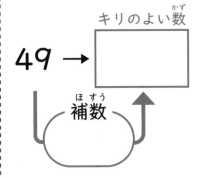

キリのよい数(かず)

49 →

補数(ほすう)

ステップ②

キリのよい数(かず)　　A

24＋▭＝▭

ステップ③

A

補数(ほすう)

答(こた)え

▭ － ◯ ＝ ▭

3 次の①〜⑧の□にあてはまる数をいれましょう。

▶答えは 118 ページ

① 14＋37＝□

37の補数：□

② 26＋49＝□

49の補数：□

③ 48＋19＝□

19の補数：□

④ 35＋27＝□

27の補数：□

⑤ 16＋46＝□

46の補数：□

⑥ 45＋36＝□

36の補数：□

⑦ 24＋48＝□

48の補数：□

⑧ 37＋39＝□

39の補数：□

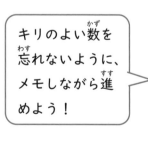

キリのよい数を忘れないように、メモしながら進めよう！

4 次の①〜⑩の□ にあてはまる数をいれましょう。

▶答えは 118 ページ

① $14+76=$ □

76の補数： □

② $23+69=$ □

69の補数： □

③ $53+28=$ □

28の補数： □

④ $36+59=$ □

59の補数： □

⑤ $15+78=$ □

78の補数： □

⑥ $24+67=$ □

67の補数： □

⑦ $55+26=$ □

26の補数： □

⑧ $34+18=$ □

18の補数： □

⑨ $25+58=$ □

58の補数： □

⑩ $13+79=$ □

79の補数： □

5 次の①～⑩の □ にあてはまる数をいれましょう。

▶答えは 119 ページ

① $15 + 68 =$

② $33 + 39 =$

③ $25 + 68 =$

④ $53 + 38 =$

⑤ $26 + 17 =$

⑥ $35 + 56 =$

⑦ $16 + 49 =$

⑧ $14 + 78 =$

⑨ $45 + 37 =$

⑩ $24 + 59 =$

補数を覚えて計算するのがインド式の基本だね♪

2章　インド式かんたん ひき算

「65－27」「52－19」……
2ケタのひき算も、楽しく解ける！

たし算の次は、ひき算です。

2ケタのひき算も、「インド式ひき算」なら、かんたんに暗算ができます。くり下がりがあるような、ひき算も一瞬で解けます。

「インド式たし算」と同じように、ここでも「補数」が大活躍！「キリのよい数」を使って計算するのが、「インド式ひき算」の基本です。

では、「インド式ひき算」を楽しみながら、やってみましょう。

65－27　インド式のひき算の順序

「65－27」をキリのよい数を使って、計算してみましょう。

ステップ①

ひく数の 27 を、補数を使って、キリのよい数にしましょう。

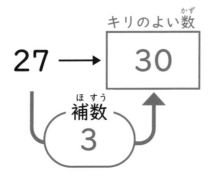

キリのよい数

27 ⟶ 30

補数
3

ひき算の場合も、補数とキリのよい数がポイントになります。

補数は 3 ！　しっかり覚えて、計算を進めましょう。

ステップ❷

キリのよい数を使って、ひき算をしましょう。

キリのよい数　　A

$$65 - \boxed{30} = \boxed{35}$$

ステップ❸

ステップ❷ の答えに、補数をたしましょう。

A　　　補数　　　答え

$$\boxed{35} + \boxed{3} = \boxed{38}$$

キリのよい数を使って計算すれば、くり下がりを考える必要がなくなることがわかりますね。

くり下がりをしないですむと、計算のスピードはグッと速くなり、計算ミスもへります。

この計算法も便利！

問　題

ランチにおいしいインドカレーのセットを食べたよ。このランチセットは 875 円。1000 円を払ったときのおつりはいくら？

> $1000 - 875 = ?$ を計算するね。

1000 のひき算をインド式計算法で解くと？
① 百の位と十の位は 9 に対する補数を考える。
② 一の位は 10 に対する補数を考える。

$8 \xrightarrow{\text{たして9}} 1$ 　 $7 \xrightarrow{\text{たして9}} 2$ 　 $5 \xrightarrow{\text{たして10}} 5$
（百の位）　　　　　（十の位）　　　　　（一の位）

125 が答えなのです！

1 次の①、②の□と◯にあてはまる数をいれましょう。

▶答えは 119 ページ

① 52−19

ステップ❶

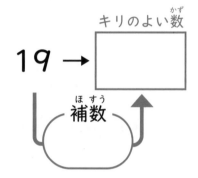

キリのよい数

19 →

補数

ステップ❷

キリのよい数　A

52−□＝□

ステップ❸

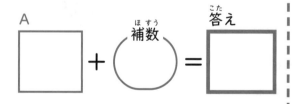

A　　補数　　答え

□＋◯＝□

② 74−38

ステップ❶

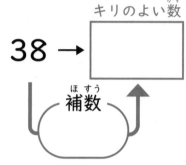

キリのよい数

38 →

補数

ステップ❷

キリのよい数　A

74−□＝□

ステップ❸

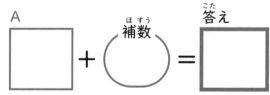

A　　補数　　答え

□＋◯＝□

2 次の①、②の□と◯にあてはまる数をいれましょう。

▶答えは 119 ページ

① 26－17

② 41－16

ステップ❶

17 →　キリのよい数
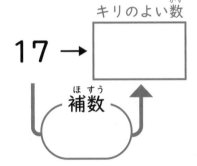
補数

ステップ❶

16 →　キリのよい数
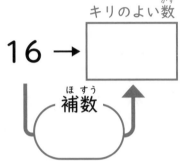
補数

ステップ❷

キリのよい数　　　　A

26 － □ ＝ □

ステップ❷

キリのよい数　　　　A

41 － □ ＝ □

ステップ❸

A　　　補数　　答え

□ ＋ ◯ ＝ □

ステップ❸

A　　　補数　　答え

□ ＋ ◯ ＝ □

3 次の①〜⑩の □ にあてはまる数をいれましょう。

① $87 - 29 =$ □

29の補数： □

② $42 - 27 =$ □

27の補数： □

③ $47 - 18 =$ □

18の補数： □

④ $65 - 26 =$ □

26の補数： □

⑤ $72 - 56 =$ □

56の補数： □

⑥ $66 - 18 =$ □

18の補数： □

⑦ $44 - 28 =$ □

28の補数： □

⑧ $74 - 37 =$ □

37の補数： □

⑨ $97 - 29 =$ □

29の補数： □

⑩ $43 - 26 =$ □

26の補数： □

4 次の①〜⑩の ☐ にあてはまる数をいれましょう。

▶答えは 119 ページ

① 51 − 26 = ☐

② 84 − 49 = ☐

③ 45 − 29 = ☐

④ 92 − 37 = ☐

⑤ 23 − 18 = ☐

⑥ 32 − 16 = ☐

⑦ 87 − 19 = ☐

⑧ 41 − 17 = ☐

⑨ 63 − 46 = ☐

⑩ 94 − 69 = ☐

1 19までの2ケタ×2ケタのかけ算「2ケタの九九」もスラスラできる！

たし算、ひき算の次は、いよいよ「インド式かけ算」です。

「インド式かけ算」の第1メソッドを使うと、19までの2ケタ×2ケタのかけ算、「11×11」〜「19×19」が一瞬で、しかも暗算でできるのです。

12×15 の場合

「インド式かけ算」では、次のような3つのステップの計算をします。

① 一方の数に他方の数の一の位をたします。

$$12＋5＝17$$

② 2つの数の一の位どうしをかけます。

$$2×5＝10$$

③ ここで①と②を下のように位をずらして、たします。

$$
\begin{array}{r}
1\ 7 \\
+\quad 1\ 0 \\
\hline
1\ 8\ 0
\end{array}
$$

位をずらすのがインド式！

答えは180です。
どうです。かんたんでしょう。
ちょっと不思議な魔法のようなかけ算ですね。

では、もう一度、計算の順序を確認しながら、かけ算をしましょう。

ステップ❶ どちらか 一方の数 と他方の 一の位の数 に注目します。

一方の数　一の位の数
$$14 \times 12$$

この 14 と 2 をたします。

$$14 + 2 = 16$$

ステップ❷ 2つの数の一の位どうしをかけます。

$$14 \times 12$$

4 と 2 をかけましょう。

$$4 \times 2 = 08$$

ステップ❷ が1ケタの場合は「08」として、2ケタ分のスペースを作りましょう。

ステップ❸ 16と08を、次のように、位をずらしてたします。

```
   1 6
 +   0 8
   1 6 8
```

位をずらす

$14 \times 12 = 168$　これが答えです。

　11×11 から 19×19 までの2ケタのかけ算の答えはすべて、このように出すことができます。

　ステップ❶ から ステップ❸ をくり返し練習して、暗算で計算できるようになりましょう。それでは、はじめます。

1 「インド式かけ算」の第1メソッドで、かけ算の答えを出しましょう。

▶答えは 120 ページ

① 16×18

ステップ① 16+8= ア

ステップ② 6×8= イ

ステップ③
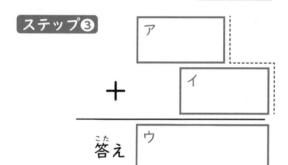

答え ウ

② 12×13

ステップ① 12+3= ア

ステップ② 2×3= イ

ステップ③
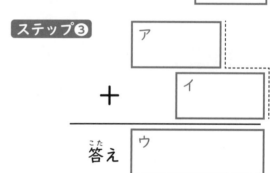

答え ウ

③ 17×16

ステップ① 17+6= ア

ステップ② 7×6= イ

ステップ③
ア
+ イ
答え ウ

④ 14×18

ステップ① 14+8= ア

ステップ② 4×8= イ

ステップ③
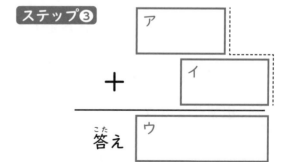

答え ウ

2 「インド式かけ算」の第1メソッドで、かけ算の答えを出しましょう。

▶答えは 120 ページ

① 11×16

ステップ❶　　11＋6＝ | ア _____ |

ステップ❷　　1×6＝ | イ _____ |

ステップ❸

| ア _____ |
+ | イ _____ |
_____
答え | ウ _____ |

② 12×17

ステップ❶　　12＋7＝ | ア _____ |

ステップ❷　　2×7＝ | イ _____ |

ステップ❸

| ア _____ |
+ | イ _____ |
_____
答え | ウ _____ |

③ 18×19

ステップ❶　　18＋9＝ | ア _____ |

ステップ❷　　8×9＝ | イ _____ |

ステップ❸

| ア _____ |
+ | イ _____ |
_____
答え | ウ _____ |

④ 15×16

ステップ❶　　15＋6＝ | ア _____ |

ステップ❷　　5×6＝ | イ _____ |

ステップ❸

| ア _____ |
+ | イ _____ |
_____
答え | ウ _____ |

2 19までの２ケタ×２ケタのかけ算
ステップ❶ の練習　最初は、たし算！

（例）

┌──たす──┐
(11) ×14

○と□を
たした数　[15]

1　（例）のように、○と□をたしましょう。

▶答えは120ページ

①
┌──たす──┐
(15) ×13

○と□を
たした数　[　　]

②
┌──たす──┐
(19) ×11

○と□を
たした数　[　　]

③
┌──たす──┐
(16) ×18

○と□を
たした数　[　　]

④
┌──たす──┐
(12) ×13

○と□を
たした数　[　　]

⑤
┌──たす──┐
(17) ×16

○と□を
たした数　[　　]

⑥
┌──たす──┐
(14) ×18

○と□を
たした数　[　　]

2 30ページの(例)のように、◯と□をたしましょう。

▶答えは 120 ページ

①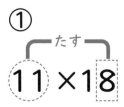

◯と□を
たした数

②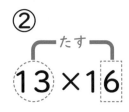

◯と□を
たした数

③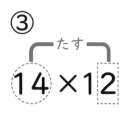

◯と□を
たした数

④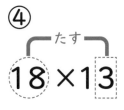

◯と□を
たした数

⑤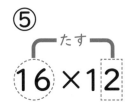

◯と□を
たした数

⑥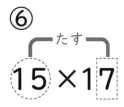

◯と□を
たした数

⑦

◯と□を
たした数

⑧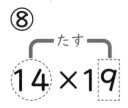

◯と□を
たした数

⑨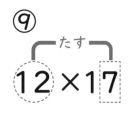

◯と□を
たした数

3 19までの2ケタ×2ケタのかけ算

ステップ❷ の練習　次は、かけ算！

（例）

かける
11×14

一の位どうし
をかけた数　　4

1　（例）のように、一の位どうしをかけましょう。

▶答えは120ページ

① かける
15×13

一の位どうし
をかけた数　□

② かける
19×11

一の位どうし
をかけた数　□

③ かける
16×18

一の位どうし
をかけた数　□

④ かける
12×13

一の位どうし
をかけた数　□

⑤ かける
17×16

一の位どうし
をかけた数　□

⑥ かける
14×18

一の位どうし
をかけた数　□

2 32 ページの（例）のように、一の位どうしをかけましょう。

▶答えは 120 ページ

①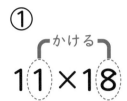

かける
11 × 18

一の位どうし
をかけた数 □

②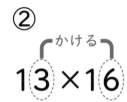

かける
13 × 16

一の位どうし
をかけた数 □

③

かける
14 × 12

一の位どうし
をかけた数 □

④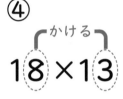

かける
18 × 13

一の位どうし
をかけた数 □

⑤

かける
16 × 12

一の位どうし
をかけた数 □

⑥

かける
15 × 17

一の位どうし
をかけた数 □

⑦

かける
19 × 15

一の位どうし
をかけた数 □

⑧

かける
14 × 19

一の位どうし
をかけた数 □

⑨

かける
12 × 17

一の位どうし
をかけた数 □

3 32ページの(例)のように、一の位どうしをかけましょう。

▶答えは120ページ

① かける
17×14
一の位どうし
をかけた数 □

② かける
13×14
一の位どうし
をかけた数 □

③ かける
18×17
一の位どうし
をかけた数 □

④ かける
13×11
一の位どうし
をかけた数 □

⑤ かける
14×15
一の位どうし
をかけた数 □

⑥ かける
16×19
一の位どうし
をかけた数 □

⑦ かける
19×12
一の位どうし
をかけた数 □

⑧ かける
14×13
一の位どうし
をかけた数 □

⑨ かける
15×18
一の位どうし
をかけた数 □

4 32ページの(例)のように、一の位どうしをかけましょう。

▶答えは 120 ページ

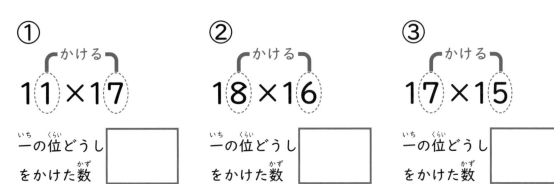

① 11×17

一の位どうし
をかけた数 ☐

② 18×16

一の位どうし
をかけた数 ☐

③ 17×15

一の位どうし
をかけた数 ☐

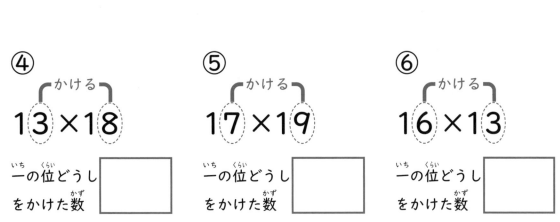

④ 13×18

一の位どうし
をかけた数 ☐

⑤ 17×19

一の位どうし
をかけた数 ☐

⑥ 16×13

一の位どうし
をかけた数 ☐

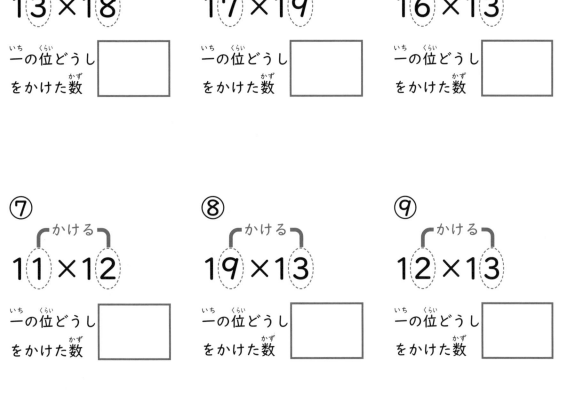

⑦ 11×12

一の位どうし
をかけた数 ☐

⑧ 19×13

一の位どうし
をかけた数 ☐

⑨ 12×13

一の位どうし
をかけた数 ☐

19までの2ケタ×2ケタのかけ算
ステップ❸ の練習　最後は、たし算！

（例）

$$11×14$$

ステップ❶ $11+4=15$

ステップ❷ $1×4=04$

ステップ❸

```
    1 5
  +   0 4
 ─────────
    1 5 4
```

位をずらす

1 （例）のように計算して、かけ算の答えを出しましょう。

▶答えは120ページ

① $15×13$

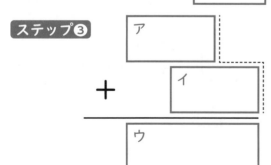

ステップ❶ $15+3=$ ｜ア｜

ステップ❷ $5×3=$ ｜イ｜

ステップ❸

```
   ア
  +  イ
 ──────
   ウ
```

② $19×11$

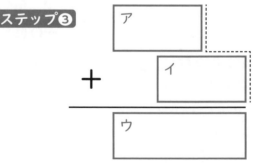

ステップ❶ $19+1=$ ｜ア｜

ステップ❷ $9×1=$ ｜イ｜

ステップ❸

```
   ア
  +  イ
 ──────
   ウ
```

2 36 ページの（例）のように計算して、かけ算の答えを出しましょう。

▶答えは 120 ページ

① 11×18

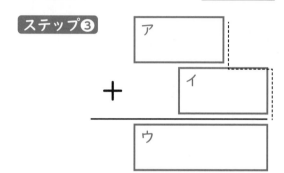

ステップ❶　11＋8＝ ［ア］

ステップ❷　1×8＝ ［イ］

ステップ❸

［ア］

＋ ［イ］

─────

［ウ］

② 13×16

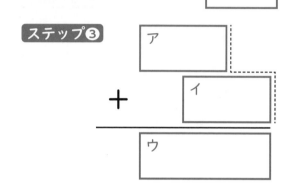

ステップ❶　13＋6＝ ［ア］

ステップ❷　3×6＝ ［イ］

ステップ❸

［ア］

＋ ［イ］

─────

［ウ］

③ 14×12

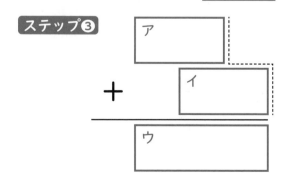

ステップ❶　14＋2＝ ［ア］

ステップ❷　4×2＝ ［イ］

ステップ❸

［ア］

＋ ［イ］

─────

［ウ］

④ 18×13

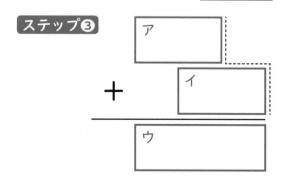

ステップ❶　18＋3＝ ［ア］

ステップ❷　8×3＝ ［イ］

ステップ❸

［ア］

＋ ［イ］

─────

［ウ］

3 36 ページの（例）のように計算して、かけ算の答えを出しましょう。

▶答えは 120 ページ

① 16×12

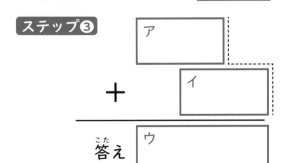

ステップ❶　16＋2＝ ア

ステップ❷　6×2＝ イ

ステップ❸
ア
＋　イ
答え ウ

② 15×17

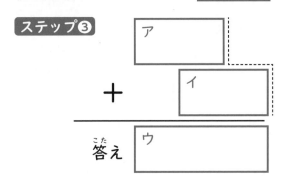

ステップ❶　15＋7＝ ア

ステップ❷　5×7＝ イ

ステップ❸
ア
＋　イ
答え ウ

③ 19×15

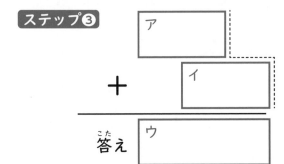

ステップ❶　19＋5＝ ア

ステップ❷　9×5＝ イ

ステップ❸
ア
＋　イ
答え ウ

④ 14×19

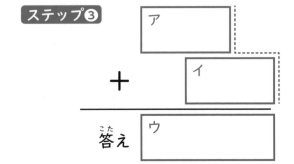

ステップ❶　14＋9＝ ア

ステップ❷　4×9＝ イ

ステップ❸
ア
＋　イ
答え ウ

4 36 ページの（例）のように計算して、かけ算の答えを出しましょう。

▶答えは 121 ページ

① 13×17

| ステップ❶ | 13＋7＝ | ア |
| ステップ❷ | 3×7＝ | イ |

ステップ❸

ア

＋　イ

答え　ウ

② 17×14

| ステップ❶ | 17＋4＝ | ア |
| ステップ❷ | 7×4＝ | イ |

ステップ❸

ア

＋　イ

答え　ウ

③ 13×14

| ステップ❶ | 13＋4＝ | ア |
| ステップ❷ | 3×4＝ | イ |

ステップ❸

ア

＋　イ

答え　ウ

④ 18×17

| ステップ❶ | 18＋7＝ | ア |
| ステップ❷ | 8×7＝ | イ |

ステップ❸

ア

＋　イ

答え　ウ

5 36ページの（例）のように計算して、かけ算の答えを出しましょう。

▶答えは121ページ

① 13×11

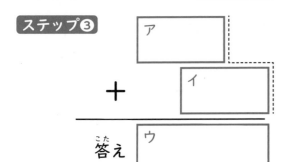

ステップ❶　13＋1＝[ア]

ステップ❷　3×1＝[イ]

ステップ❸　[ア]

＋　[イ]

答え　[ウ]

② 14×15

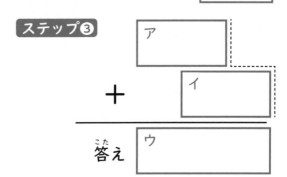

ステップ❶　14＋5＝[ア]

ステップ❷　4×5＝[イ]

ステップ❸　[ア]

＋　[イ]

答え　[ウ]

③ 16×19

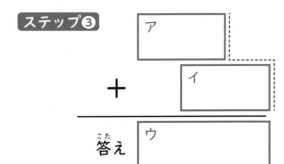

ステップ❶　16＋9＝[ア]

ステップ❷　6×9＝[イ]

ステップ❸　[ア]

＋　[イ]

答え　[ウ]

④ 19×13

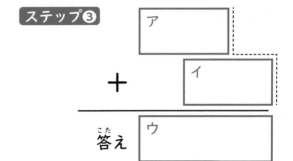

ステップ❶　19＋3＝[ア]

ステップ❷　9×3＝[イ]

ステップ❸　[ア]

＋　[イ]

答え　[ウ]

⑤ 12×13

ステップ❶　12＋3＝　ア

ステップ❷　2×3＝　イ

ステップ❸

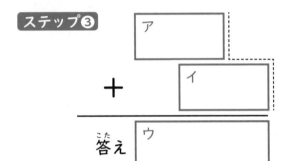

　　　　　　ア

　＋　　　　　イ

　答え　　ウ

⑥ 11×12

ステップ❶　11＋2＝　ア

ステップ❷　1×2＝　イ

ステップ❸

　　　　　　ア

　＋　　　　　イ

　答え　　ウ

⑦ 14×18

ステップ❶　14＋8＝　ア

ステップ❷　4×8＝　イ

ステップ❸

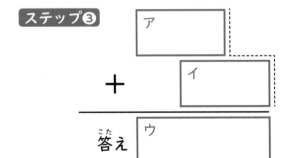

　　　　　　ア

　＋　　　　　イ

　答え　　ウ

⑧ 17×11

ステップ❶　17＋1＝　ア

ステップ❷　7×1＝　イ

ステップ❸

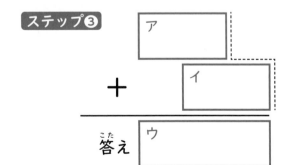

　　　　　　ア

　＋　　　　　イ

　答え　　ウ

5 19までの2ケタ×2ケタのかけ算 「2ケタの九九」を暗算してみよう！

　この章の終わりで、「インド式かけ算」の第1メソッドで、19までの2ケタ×2ケタのかけ算を暗算する練習をしましょう。3つのステップを順番に考えながら計算すれば、頭の回転がどんどん速くなりますよ。

1 「インド式かけ算」の第1メソッドで、かけ算の答えを出しましょう。

▶答えは121ページ

① 　13×12＝ ◻

② 　14×16＝ ◻

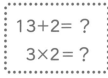

13+2＝ ？
3×2＝ ？

メモをしながら考えようね！

③ 　17×13＝ ◻

④ 　19×14＝ ◻

⑤ 　15×15＝ ◻

⑥ 　18×12＝ ◻

2 「インド式かけ算」の第1メソッドで、かけ算の答えを出しましょう。

▶答えは121ページ

① 11×13＝ ⬚

② 15×16＝ ⬚

③ 17×12＝ ⬚

④ 18×15＝ ⬚

⑤ 19×18＝ ⬚

⑥ 14×17＝ ⬚

⑦ 11×18＝ ⬚

⑧ 11×19＝ ⬚

3 「インド式かけ算」の第1メソッドで、かけ算の答えを出しましょう。

▶答えは121ページ

① $15 \times 14 =$ ☐

② $13 \times 17 =$ ☐

③ $18 \times 19 =$ ☐

④ $16 \times 16 =$ ☐

⑤ $19 \times 17 =$ ☐

⑥ $15 \times 12 =$ ☐

⑦ $13 \times 16 =$ ☐

⑧ $18 \times 17 =$ ☐

4　「インド式かけ算」の第1メソッドで、かけ算の答えを出しましょう。

▶答えは 121 ページ

① 　12 × 11 = ☐

② 　16 × 14 = ☐

③ 　11 × 15 = ☐

④ 　17 × 17 = ☐

⑤ 　18 × 14 = ☐

⑥ 　14 × 11 = ☐

⑦ 　19 × 11 = ☐

⑧ 　15 × 13 = ☐

5 「インド式かけ算」の第1メソッドで、かけ算の答えを出しましょう。

▶答えは121ページ

① $18 \times 11 =$ ☐

② $14 \times 14 =$ ☐

③ $13 \times 15 =$ ☐

④ $11 \times 19 =$ ☐

⑤ $19 \times 16 =$ ☐

⑥ $15 \times 11 =$ ☐

⑦ $14 \times 15 =$ ☐

⑧ $17 \times 16 =$ ☐

6　「インド式かけ算」の第1メソッドで、かけ算の答えを出しましょう。

▶答えは121ページ

①　12×12＝ ☐

②　15×19＝ ☐

③　17×18＝ ☐

④　16×11＝ ☐

⑤　12×19＝ ☐

⑥　13×13＝ ☐

⑦　16×12＝ ☐

⑧　13×11＝ ☐

7 「インド式かけ算」の第1メソッドで、かけ算の答えを出しましょう。

▶答えは 121 ページ

① $19 \times 19 =$

② $16 \times 15 =$

③ $12 \times 14 =$

④ $13 \times 19 =$

⑤ $18 \times 18 =$

⑥ $12 \times 16 =$

⑦ $14 \times 19 =$

⑧ $15 \times 15 =$

8 「インド式かけ算」の第1メソッドで、かけ算の答えを出しましょう。

▶答えは121ページ

① 11×11 = ☐

② 12×18 = ☐

③ 16×17 = ☐

④ 14×12 = ☐

⑤ 19×15 = ☐

⑥ 16×18 = ☐

⑦ 11×14 = ☐

19までの2ケタかけ算はこれで完成！

1 「74×76」…大きな数の2ケタかけ算 まず「十の位の数」を見てみよう！

　「インド式かけ算」の第2メソッドを使うと、20以上の大きな2ケタどうしのかけ算も、一瞬で答えが出せます。この第2メソッドを使うには、十の位が同じで、一の位をたすと10になる数の組み合わせを見つけること。これがポイントです。

74と76を見て何か気づくことはあるでしょうか？

> 2ケタどうしの十の位の数が同じなら、一の位を見てみよう！

74と76の2つの数の秘密は…

① 十の位の数が同じだということ

74　　76 ◁ 十の位はどちらも7！

② 一の位どうしをたすと10になるということ

74　　76

> 4+6=10！

一の位の数は 4 と 6

この「2つの秘密」を持つ数の組み合わせを見つけると、「インド式かけ算」を使って、とてもかんたんに計算できるようになります。

では、<u>十の位が同じで、一の位をたすと10になる</u>数の組み合わせを探してみましょう。

（例）　次の□の中から、十の位が同じで、一の位をたすと10になる数の組み合わせを、1組答えましょう。

11	28	32	19	41	29

答え　11 と 19

1　次の□の中から、十の位が同じで、一の位をたすと10になる数の組み合わせを、すべて答えましょう。　　▶答えは122ページ

44	86	94	68
18	62	32	46

（答え）　□ と □ 、 □ と □

2 次の□の中から、十の位が同じで、一の位をたすと 10 になる数の組み合わせを、すべて答えましょう。　　　　▶答えは 122 ページ

81	37	43	59
23	11	89	33

（答え）　　　　　　と　　　　　　　、　　　　　　　と

74×76 の場合

ここでも 3 つのステップで計算します。

ステップ❶

十の位の数と十の位の数に 1 をたした数をかけます。

$$74×76$$ ← 十の位の数は 7　これに 1 をたした数は 8

7 と 8 をかけましょう。

$$7×8=56$$

ステップ❷

一の位どうしのかけ算をします。

$$74×76$$

4 と 6 をかけましょう。

$$4×6=24$$

ステップ❸

ステップ❶ と ステップ❷ で出した数を、順番に並べましょう。

ステップ❶ $7 \times 8 = 56$

ステップ❷ $4 \times 6 = 24$

56と24を、順番に並べると…

ステップ❸

ステップ❶ ステップ❷

答え $\boxed{5\ 6}\ \boxed{2\ 4}$

$74 \times 76 = 5624$ これが答えです。

1ケタの九九だけで2ケタどうしのかけ算が完成です!

71×79 の場合

ステップ❷ の答えが1ケタの場合は、注意点があります。

ステップ❶ $7 \times 8 = 56$

ステップ❷ $1 \times 9 = 09$

ステップ❸ $71 \times 79 = 5609$

ステップ❷ が1ケタの場合は「09」として、2ケタ分のスペースを作りましょう。

2 「74×76」…大きな数の2ケタかけ算
ステップ① の練習　最初は、かけ算！

「2つの秘密」を持つ数の組み合わせを見つけたら、「十の位の数」と「十の位の数に1をたした数」をかけ算してみましょう。

ステップ① の練習をしましょう。

（例）

$$32×38$$

十の位
の数　十の位+1

$$3 × 4 = \boxed{12}$$

確認！
・十の位は 3 で同じ
・一の位は 2+8＝10

1　（例）のように、十の位の数と十の位の数に1をたした数をかけてみましょう。
▶答えは122ページ

① 62×68

十の位
の数　十の位+1

$$6 × 7 = \boxed{}$$

② 87×83

十の位
の数　十の位+1

$$8 × 9 = \boxed{}$$

③ 31×39

十の位
の数　十の位+1

$$3 × 4 = \boxed{}$$

④ 72×78

十の位
の数　十の位+1

$$7 × 8 = \boxed{}$$

2 54 ページの(例)のように、十の位の数と十の位の数に 1 をたした数をかけてみましょう。

▶答えは122 ページ

① 51×59

十の位
の数　十の位+1
5 × 6 =

② 15×15

十の位
の数　十の位+1
1 × 2 =

③ 34×36

十の位
の数　十の位+1
3 × 4 =

④ 82×88

十の位
の数　十の位+1
8 × 9 =

⑤ 64×66

十の位
の数　十の位+1
6 × 7 =

⑥ 22×28

十の位
の数　十の位+1
2 × 3 =

⑦ 92×98

十の位
の数　十の位+1
9 × 10 =

⑧ 47×43

十の位
の数　十の位+1
4 × 5 =

3 54ページの(例)のように、十の位の数と十の位の数に 1 をたした数をかけてみましょう。

▶答えは 122 ページ

① 65×65

十の位
の数　十の位+1
6 × 7 =

② 17×13

十の位
の数　十の位+1
1 × 2 =

③ 21×29

十の位
の数　十の位+1
2 × 3 =

④ 52×58

十の位
の数　十の位+1
5 × 6 =

⑤ 75×75

十の位
の数　十の位+1
7 × 8 =

⑥ 39×31

十の位
の数　十の位+1
3 × 4 =

⑦ 86×84

十の位
の数　十の位+1
8 × 9 =

⑧ 41×49

十の位
の数　十の位+1
4 × 5 =

3 「74×76」…大きな数の2ケタかけ算
ステップ❷ の練習　次も、かけ算！

ステップ❶ の練習が終わったら、次は大きな2ケタの「一の位どうし」をかけ算しましょう。

これが ステップ❷ です

ステップ❷ の練習をしましょう。

（例）

$$32 \times 38$$

一の位どうしのかけ算をします。

$$2 \times 8 = \boxed{16}$$

確認！
・十の位は 3 で同じ
・一の位は 2+8＝10

1 （例）のように、一の位どうしをかけてみましょう。

▶答えは122ページ

① 11×19
$1 \times 9 = \boxed{}$

② 22×28
$2 \times 8 = \boxed{}$

③ 33×37
$3 \times 7 = \boxed{}$

④ 44×46
$4 \times 6 = \boxed{}$

2 57ページの(例)のように、一の位どうしをかけてみましょう。

▶答えは122ページ

① 62×68
2×8= ☐

② 87×83
7×3= ☐

③ 14×16
4×6= ☐

④ 78×72
8×2= ☐

⑤ 51×59
1×9= ☐

⑥ 15×15
5×5= ☐

⑦ 96×94
6×4= ☐

⑧ 89×81
9×1= ☐

3 57 ページの(例)のように、一の位どうしをかけてみましょう。

▶答えは 122 ページ

① 39×31
9×1= ☐

② 23×27
3×7= ☐

③ 65×65
5×5= ☐

④ 64×66
4×6= ☐

⑤ 92×98
2×8= ☐

⑥ 21×29
1×9= ☐

⑦ 77×73
7×3= ☐

⑧ 58×52
8×2= ☐

4 57 ページの(例)のように、一の位どうしをかけてみましょう。

▶答えは 122 ページ

① 72×78
2×8= ◻

② 69×61
9×1= ◻

③ 26×24
6×4= ◻

④ 43×47
3×7= ◻

⑤ 38×32
8×2= ◻

⑥ 55×55
5×5= ◻

⑦ 97×93
7×3= ◻

⑧ 64×66
4×6= ◻

4 「74×76」…大きな数の2ケタかけ算
ステップ❸ の練習　最後は「並べる」!

ステップ❶ と ステップ❷ の計算が終わったら、最後にその数を順番に並べます。

これが ステップ❸ です。

ステップ❸ の練習をしましょう。

（例）32×38

ステップ❶ $3 \times 4 = 12$

ステップ❷ $2 \times 8 = 16$

並べる!

ステップ❶ ステップ❷
ステップ❸ 答え ⟨1 2⟩ ⟨1 6⟩

1 （例）のように計算して、かけ算の答えを出しましょう。

▶答えは122ページ

① 62×68

ステップ❶ $6 \times 7 =$ ［ア　　　］

ステップ❷ $2 \times 8 =$ ［イ　　　］

ステップ❸ 答え＝［ウ　　　］

② 87×83

ステップ❶ $8 \times 9 =$ ［ア　　　］

ステップ❷ $7 \times 3 =$ ［イ　　　］

ステップ❸ 答え＝［ウ　　　］

2 61ページの(例)のように計算して、かけ算の答えを出しましょう。

▶答えは122ページ

① 51×59

ステップ❶　5×6＝ ア

ステップ❷　1×9＝ イ

ステップ❸　答え＝ ウ

② 15×15

ステップ❶　1×2＝ ア

ステップ❷　5×5＝ イ

ステップ❸　答え＝ ウ

③ 94×96

ステップ❶　9×10＝ ア

ステップ❷　4×6＝ イ

ステップ❸　答え＝ ウ

④ 82×88

ステップ❶　8×9＝ ア

ステップ❷　2×8＝ イ

ステップ❸　答え＝ ウ

⑤ 44×46

ステップ❶　4×5＝ ア

ステップ❷　4×6＝ イ

ステップ❸　答え＝ ウ

⑥ 22×28

ステップ❶　2×3＝ ア

ステップ❷　2×8＝ イ

ステップ❸　答え＝ ウ

■ 61 ページの(例)のように計算して、かけ算の答えを出しましょう。

▶答えは 122 ページ

① 92×98

ステップ❶ $9×10=$ ［ア ］

ステップ❷ $2×8=$ ［イ ］

ステップ❸ 答え＝［ウ ］

② 67×63

ステップ❶ $6×7=$ ［ア ］

ステップ❷ $7×3=$ ［イ ］

ステップ❸ 答え＝［ウ ］

③ 35×35

ステップ❶ $3×4=$ ［ア ］

ステップ❷ $5×5=$ ［イ ］

ステップ❸ 答え＝［ウ ］

④ 77×73

ステップ❶ $7×8=$ ［ア ］

ステップ❷ $7×3=$ ［イ ］

ステップ❸ 答え＝［ウ ］

⑤ 21×29

ステップ❶ $2×3=$ ［ア ］

ステップ❷ $1×9=$ ［イ ］

ステップ❸ 答え＝［ウ ］

⑥ 52×58

ステップ❶ $5×6=$ ［ア ］

ステップ❷ $2×8=$ ［イ ］

ステップ❸ 答え＝［ウ ］

4章 インド式かんたん かけ算［第2メソッド］

4 61 ページの（例）のように計算して、かけ算の答えを出しましょう。

▶答えは 123 ページ

① 75×75

ステップ① 7×8＝ ア

ステップ② 5×5＝ イ

ステップ③ 答え＝ ウ

② 69×61

ステップ① 6×7＝ ア

ステップ② 9×1＝ イ

ステップ③ 答え＝ ウ

③ 26×24

ステップ① 2×3＝ ア

ステップ② 6×4＝ イ

ステップ③ 答え＝ ウ

④ 81×89

ステップ① 8×9＝ ア

ステップ② 1×9＝ イ

ステップ③ 答え＝ ウ

⑤ 38×32

ステップ① 3×4＝ ア

ステップ② 8×2＝ イ

ステップ③ 答え＝ ウ

⑥ 55×55

ステップ① 5×6＝ ア

ステップ② 5×5＝ イ

ステップ③ 答え＝ ウ

5 61ページの(例)のように計算して、かけ算の答えを出しましょう。

▶答えは123ページ

① 95×95

ステップ❶ 9×10＝ ［ア　］

ステップ❷ 5×5＝ ［イ　］

ステップ❸ 答え＝ ［ウ　］

② 74×76

ステップ❶ 7×8＝ ［ア　］

ステップ❷ 4×6＝ ［イ　］

ステップ❸ 答え＝ ［ウ　］

③ 34×36

ステップ❶ 3×4＝ ［ア　］

ステップ❷ 4×6＝ ［イ　］

ステップ❸ 答え＝ ［ウ　］

④ 68×62

ステップ❶ 6×7＝ ［ア　］

ステップ❷ 8×2＝ ［イ　］

ステップ❸ 答え＝ ［ウ　］

⑤ 91×99

ステップ❶ 9×10＝ ［ア　］

ステップ❷ 1×9＝ ［イ　］

ステップ❸ 答え＝ ［ウ　］

⑥ 45×45

ステップ❶ 4×5＝ ［ア　］

ステップ❷ 5×5＝ ［イ　］

ステップ❸ 答え＝ ［ウ　］

「74×76」…大きな数の2ケタかけ算 「2ケタの九九」を暗算してみよう！

この章の終わりで、「インド式かけ算」の第2メソッドで、「31×39」「76×74」「83×87」といった、20以上の大きな2ケタどうしのかけ算を暗算する練習をしましょう。頭がどんどん磨かれていくはずです。

1 「インド式かけ算」の第2メソッドで、かけ算の答えを出しましょう。

▶答えは123ページ

① 31×39 = ☐

② 76×74 = ☐

③ 83×87 = ☐

④ 25×25 = ☐

⑤ 18×12 = ☐

⑥ 33×37 = ☐

2 「インド式かけ算」の第2メソッドで、かけ算の答えを出しましょう。

▶答えは123ページ

① 85×85 = ☐

② 24×26 = ☐

③ 48×42 = ☐

④ 91×99 = ☐

⑤ 67×63 = ☐

⑥ 52×58 = ☐

最初のうちは、
メモをしながら
解くのがコツだよ！

3 「インド式かけ算」の第2メソッドで、かけ算の答えを出しましょう。

▶答えは 123 ページ

① $36 \times 34 =$ ☐

② $81 \times 89 =$ ☐

③ $57 \times 53 =$ ☐

④ $75 \times 75 =$ ☐

⑤ $49 \times 41 =$ ☐

⑥ $22 \times 28 =$ ☐

4 「インド式かけ算」の第2メソッドで、かけ算の答えを出しましょう。

▶答えは123ページ

① $16 \times 14 =$ ⬚

② $72 \times 78 =$ ⬚

③ $69 \times 61 =$ ⬚

④ $93 \times 97 =$ ⬚

⑤ $45 \times 45 =$ ⬚

⑥ $88 \times 82 =$ ⬚

3つのステップを
順番に思い出しながら
計算しようね！

5 「インド式かけ算」の第2メソッドで、かけ算の答えを出しましょう。

▶答えは 123 ページ

① $43 \times 47 =$ ☐

② $79 \times 71 =$ ☐

③ $38 \times 32 =$ ☐

④ $94 \times 96 =$ ☐

⑤ $15 \times 15 =$ ☐

⑥ $27 \times 23 =$ ☐

6 「インド式かけ算」の第2メソッドで、かけ算の答えを出しましょう。

▶答えは123ページ

① 84×86 = ☐

② 17×13 = ☐

③ 21×29 = ☐

④ 56×54 = ☐

⑤ 98×92 = ☐

⑥ 35×35 = ☐

慣れてくると、暗算がだんだんと楽しくなるよ！

7 「インド式かけ算」の第2メソッドで、かけ算の答えを出しましょう。

▶答えは 123 ページ

① $51 \times 59 =$ ☐

② $68 \times 62 =$ ☐

③ $65 \times 65 =$ ☐

④ $74 \times 76 =$ ☐

⑤ $12 \times 18 =$ ☐

⑥ $37 \times 33 =$ ☐

8 「インド式かけ算」の第2メソッドで、かけ算の答えを出しましょう。

▶答えは123ページ

① 39×31 = ☐

② 82×88 = ☐

③ 53×57 = ☐

④ 64×66 = ☐

⑤ 89×81 = ☐

⑥ 28×22 = ☐

頭の中でステップを
くり返すうちに、
頭の回転が速くなるよ！

9 「インド式かけ算」の第2メソッドで、かけ算の答えを出しましょう。

▶答えは123ページ

① $58 \times 52 =$

② $63 \times 67 =$

③ $26 \times 24 =$

④ $11 \times 19 =$

⑤ $77 \times 73 =$

⑥ $85 \times 85 =$

10 「インド式かけ算」の第2メソッドで、かけ算の答えを出しましょう。

▶答えは 123 ページ

① 29×21 = ☐

② 62×68 = ☐

③ 46×44 = ☐

④ 87×83 = ☐

⑤ 38×32 = ☐

⑥ 59×51 = ☐

2ケタかけ算のドリルで
「計算力」はかなり
UP しているはずだよ！

11 「インド式かけ算」の第2メソッドで、かけ算の答えを出しましょう。

▶答えは123ページ

① $47 \times 43 =$

② $61 \times 69 =$

③ $78 \times 72 =$

④ $55 \times 55 =$

⑤ $13 \times 17 =$

⑥ $54 \times 56 =$

12 「インド式かけ算」の第2メソッドで、かけ算の答えを出しましょう。

▶答えは123ページ

① $41 \times 49 = \boxed{}$

② $95 \times 95 = \boxed{}$

③ $16 \times 14 = \boxed{}$

④ $77 \times 73 = \boxed{}$

⑤ $92 \times 98 = \boxed{}$

⑥ $34 \times 36 = \boxed{}$

2ケタ×2ケタがすごい
スピードで解けるように
なったね！

1 「29×89」…まだある！魔法のかけ算 まず「一の位の数」を見てみよう！

　「インド式かけ算」の第3メソッドは、まず一の位が同じで、十の位をたすと10になる数の組み合わせを見つけること。これがポイントです。第2メソッドと同じように、大きな2ケタどうしのかけ算も一瞬で解けます。ただ、第2メソッドと似ているので、注意が必要ですね。

　29 と 89 を見て何か気づくことはあるでしょうか？

2ケタどうしの
一の位の数が同じなら、
十の位を見てみよう！

きっとかんたんに見つけられるはず！　29 と 89 の2つの数の秘密は…

① 一の位の数が同じだということ

29　　89　　← 一の位はどちらも9！

② 十の位どうしをたすと、10 になるということ

29　　89　　2+8=10！

十の位の数は 2 と 8

「インド式かけ算」の第2メソッドとは、逆のパターンの数の組み合わせです。

では、<u>一の位が同じで、十の位をたすと10になる</u>数の組み合わせを探してみましょう。

（例）　次の□□の中から、一の位が同じで、十の位をたすと10になる数の組み合わせを、1組答えましょう。

28　22　32　78　51　82

答え　22 と 82

1　次の□□の中から、一の位が同じで、十の位をたすと10になる数の組み合わせを、すべて答えましょう。　　　　▶答えは124ページ

24　91　36　97
11　76　73　19

（答え） [　　　] と [　　　]　、　[　　　] と [　　　]

79

2 次の□の中から、一の位が同じで、十の位をたすと 10 になる数の組み合わせを、すべて答えましょう。

▶答えは 124 ページ

47	16	53	84
67	24	86	63

（答え）　　□　と　　□　、　　□　と　　□

29×89 の場合

ここでも 3 つのステップで計算します。

ステップ❶

十の位の数と十の位の数をかけて、一の位の数をたします。

$$29 \times 89$$ 十の位の数は 2 と 8
一の位の数は 9

2 と 8 をかけて 9 をたします。

$$2 \times 8 + 9 = 25$$

ステップ❷

一の位どうしのかけ算をします。

$$29 \times 89$$

9 と 9 をかけましょう。

$$9 \times 9 = 81$$

ステップ❸

ステップ❶ と ステップ❷ で出した数を、順番に並べましょう。

ステップ❶ $2 \times 8 + 9 = 25$

ステップ❷ $9 \times 9 = 81$

25と81を、順番に並べると…

ステップ❸

ステップ❶　ステップ❷

答え　❨ 2 5 ❩❨ 8 1 ❩

$29 \times 89 = 2581$　これが答えです。

筆算を使わず、かんたんに計算できてしまいます。

| 11×91 | の場合

ステップ❷ の答えが1ケタの場合は、注意点があります。

ステップ❶　$1 \times 9 + 1 = 10$

ステップ❷　$1 \times 1 = 01$

ステップ❸　$11 \times 91 = 1001$

ステップ❷ が1ケタの場合は「01」として、2ケタ分のスペースを作りましょう。

2 「29×89」…まだある！魔法のかけ算
ステップ❶ の練習　かけ算とたし算

「インド式かけ算」の第3メソッドで使う数の組み合わせを、見つけること
ができるようになったら、実際に計算をしてみましょう。まずは ステップ❶ 。
十の位の数と十の位の数をかけて、一の位の数をたします。

ステップ❶ の練習をしましょう。

確認！
・一の位は 7 で同じ
・十の位は 4＋6＝10

（例）

$$47×67$$

十の位　　十の位　　一の位
の数　　　の数　　　の数

$$4 × 6 + 7 = \boxed{31}$$

1　（例）のように、十の位の数と十の位の数をかけたものに、一の位の
数をたしてみましょう。　　　　　　　　　　　▶答えは124ページ

① 　26×86

十の位　十の位　一の位
の数　　の数　　の数

$$2 × 8 + 6 = \boxed{}$$

② 　77×37

十の位　十の位　一の位
の数　　の数　　の数

$$7 × 3 + 7 = \boxed{}$$

2 82ページの(例)のように、十の位の数と十の位の数をかけたものに、一の位の数をたしてみましょう。　　　　　　　　　　　　▶答えは124ページ

① 13×93

十の位　十の位　一の位
の数　　の数　　の数

$1 \times 9 + 3 = $ ☐

② 64×44

十の位　十の位　一の位
の数　　の数　　の数

$6 \times 4 + 4 = $ ☐

③ 31×71

十の位　十の位　一の位
の数　　の数　　の数

$3 \times 7 + 1 = $ ☐

④ 58×58

十の位　十の位　一の位
の数　　の数　　の数

$5 \times 5 + 8 = $ ☐

3 82ページの（例）のように、十の位の数と十の位の数をかけたものに、一の位の数をたしてみましょう。　　　　　　　　　　▶答えは124ページ

① 43×63

十の位　十の位　一の位
の数　　の数　　の数
4 × 6 + 3 = ☐

② 97×17

十の位　十の位　一の位
の数　　の数　　の数
9 × 1 + 7 = ☐

③ 25×85

十の位　十の位　一の位
の数　　の数　　の数
2 × 8 + 5 = ☐

④ 74×34

十の位　十の位　一の位
の数　　の数　　の数
7 × 3 + 4 = ☐

3 「29×89」…まだある！魔法のかけ算
ステップ❷ の練習 次は、かけ算！

ステップ❶ の練習が終わったら、次は大きな2ケタの「一の位どうし」をかけ算しましょう。

これが ステップ❷ です

ステップ❷ の練習をしましょう。

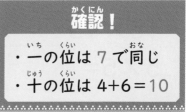

確認！
・一の位は 7 で同じ
・十の位は 4+6＝10

（例1）

$$47×67$$

一の位どうしのかけ算をします。

$$7×7= \boxed{49}$$

（例2）

$$12×92$$

一の位どうしのかけ算をします。

$$2×2= \boxed{04}$$

かけ算の答えが1ケタになる場合は、前に0があると考えて進めましょう。

1 85 ページの(例)のように、一の位どうしをかけてみましょう。

▶答えは 124 ページ

① 26×86

$6 \times 6 =$ ▢

② 72×32

$2 \times 2 =$ ▢

③ 15×95

$5 \times 5 =$ ▢

④ 64×44

$4 \times 4 =$ ▢

⑤ 71×31

$1 \times 1 =$ ▢

⑥ 28×88

$8 \times 8 =$ ▢

⑦ 43×63

$3 \times 3 =$ ▢

⑧ 97×17

$7 \times 7 =$ ▢

2 85ページの(例)のように、一の位どうしをかけてみましょう。

▶答えは124ページ

① 29×89

$9 \times 9 =$

② 74×34

$4 \times 4 =$

③ 41×61

$1 \times 1 =$

④ 96×16

$6 \times 6 =$

⑤ 53×53

$3 \times 3 =$

⑥ 68×48

$8 \times 8 =$

⑦ 15×95

$5 \times 5 =$

⑧ 52×52

$2 \times 2 =$

3 85 ページの(例)のように、一の位どうしをかけてみましょう。

① 35×75
5×5=[　　　]

② 56×56
6×6=[　　　]

③ 81×21
1×1=[　　　]

④ 42×62
2×2=[　　　]

⑤ 54×54
4×4=[　　　]

⑥ 19×99
9×9=[　　　]

⑦ 47×67
7×7=[　　　]

⑧ 98×18
8×8=[　　　]

88

4 「29×89」…まだある！魔法のかけ算
ステップ❸ の練習　最後は「並べる」！

ステップ❶ と ステップ❷ で出した数を順番に並べます。
これが ステップ❸ です

ステップ❸ の練習をしましょう。

（例）47×67

ステップ❶ 4×6＋7＝31

ステップ❷ 7×7＝49

ステップ❶　ステップ❷

並べる！

ステップ❸ 答え ③ ① ④ ⑨

1 （例）のように計算して、かけ算の答えを出しましょう。

▶答えは124ページ

① 26×86

ステップ❶ 2×8＋6＝ ［ア　　　］

ステップ❷ 6×6＝ ［イ　　　］

ステップ❸ 答え＝ ［ウ　　　］

2 89 ページの(例)のように計算して、かけ算の答えを出しましょう。

▶答えは 124 ページ

① 13×93

ステップ❶ 1×9＋3＝ ［ア　　　］

ステップ❷ 3×3＝ ［イ　　　］

ステップ❸ 答え＝ ［ウ　　　］

② 64×44

ステップ❶ 6×4＋4＝ ［ア　　　］

ステップ❷ 4×4＝ ［イ　　　］

ステップ❸ 答え＝ ［ウ　　　］

③ 71×31

ステップ❶ 7×3＋1＝ ［ア　　　］

ステップ❷ 1×1＝ ［イ　　　］

ステップ❸ 答え＝ ［ウ　　　］

90

3 89ページの(例)のように計算して、かけ算の答えを出しましょう。

▶答えは124ページ

① 28×88

ステップ❶ 2×8+8＝ ア □

ステップ❷ 8×8＝ イ □

ステップ❸ 答え＝ ウ □

② 43×63

ステップ❶ 4×6+3＝ ア □

ステップ❷ 3×3＝ イ □

ステップ❸ 答え＝ ウ □

③ 97×17

ステップ❶ 9×1+7＝ ア □

ステップ❷ 7×7＝ イ □

ステップ❸ 答え＝ ウ □

4 89 ページの（例）のように計算して、かけ算の答えを出しましょう。

▶答えは 124 ページ

① 25×85

ステップ❶ 2×8＋5＝ ア

ステップ❷ 5×5＝ イ

ステップ❸ 答え＝ ウ

② 74×34

ステップ❶ 7×3＋4＝ ア

ステップ❷ 4×4＝ イ

ステップ❸ 答え＝ ウ

③ 41×61

ステップ❶ 4×6＋1＝ ア

ステップ❷ 1×1＝ イ

ステップ❸ 答え＝ ウ

5 89ページの(例)のように計算して、かけ算の答えを出しましょう。

▶答えは124ページ

① 96×16

ステップ❶ $9 \times 1 + 6 =$ | ア |

ステップ❷ $6 \times 6 =$ | イ |

ステップ❸ 答え = | ウ |

② 53×53

ステップ❶ $5 \times 5 + 3 =$ | ア |

ステップ❷ $3 \times 3 =$ | イ |

ステップ❸ 答え = | ウ |

③ 68×48

ステップ❶ $6 \times 4 + 8 =$ | ア |

ステップ❷ $8 \times 8 =$ | イ |

ステップ❸ 答え = | ウ |

　この章の終わりで、「インド式かけ算」の第3メソッドで、「39×79」「55×55」「83×23」といった、20以上の大きな2ケタどうしのかけ算を暗算する練習をしましょう。頭の回転が速くなりますよ。

1 「インド式かけ算」の第3メソッドで、かけ算の答えを出しましょう。

▶答えは124〜125ページ

① 39×79＝ ☐

② 55×55＝ ☐

③ 83×23＝ ☐

④ 61×41＝ ☐

⑤ 32×72＝ ☐

⑥ 57×57＝ ☐

2 「インド式かけ算」の第3メソッドで、かけ算の答えを出しましょう。

▶答えは125ページ

① 82×22＝ ☐

② 14×94＝ ☐

③ 65×45＝ ☐

④ 36×76＝ ☐

⑤ 58×58＝ ☐

⑥ 49×69＝ ☐

最初のうちは、
メモをしながら
解くのがコツだよ！

3 「インド式かけ算」の第3メソッドで、かけ算の答えを出しましょう。

▶答えは 125 ページ

① $12 \times 92 =$

② $73 \times 33 =$

③ $87 \times 27 =$

④ $59 \times 59 =$

⑤ $91 \times 11 =$

⑥ $24 \times 84 =$

4 「インド式かけ算」の第3メソッドで、かけ算の答えを出しましょう。

▶答えは125ページ

① $42 \times 62 = $ ◻

② $78 \times 38 = $ ◻

③ $96 \times 16 = $ ◻

④ $63 \times 43 = $ ◻

⑤ $31 \times 71 = $ ◻

⑥ $51 \times 51 = $ ◻

3つのステップを
順番に思い出しながら
計算しようね！

5 「インド式かけ算」の第3メソッドで、かけ算の答えを出しましょう。

① $85 \times 25 =$ ◻

② $48 \times 68 =$ ◻

③ $37 \times 77 =$ ◻

④ $93 \times 13 =$ ◻

⑤ $21 \times 81 =$ ◻

⑥ $75 \times 35 =$ ◻

6 「インド式かけ算」の第3メソッドで、かけ算の答えを出しましょう。

▶答えは 125 ページ

① 17×97 = ☐

② 88×28 = ☐

③ 44×64 = ☐

④ 53×53 = ☐

⑤ 62×42 = ☐

⑥ 89×29 = ☐

慣れてくると、暗算がだんだんと楽しくなるよ！

7 「インド式かけ算」の第3メソッドで、かけ算の答えを出しましょう。

▶答えは125ページ

① $56 \times 56 =$ 　　　　　② $99 \times 19 =$

③ $66 \times 46 =$ 　　　　　④ $34 \times 74 =$

⑤ $18 \times 98 =$ 　　　　　⑥ $81 \times 21 =$

8 「インド式かけ算」の第3メソッドで、かけ算の答えを出しましょう。

▶答えは 125 ページ

① 94×14 = ☐　　② 35×75 = ☐

③ 51×51 = ☐　　④ 42×62 = ☐

⑤ 33×73 = ☐　　⑥ 68×48 = ☐

頭の中でステップを
くり返すうちに、
頭の回転が速くなるよ！

9 「インド式かけ算」の第3メソッドで、かけ算の答えを出しましょう。

▶答えは125ページ

① $13 \times 93 =$ ☐

② $95 \times 15 =$ ☐

③ $46 \times 66 =$ ☐

④ $38 \times 78 =$ ☐

⑤ $72 \times 32 =$ ☐

⑥ $23 \times 83 =$ ☐

10 「インド式かけ算」の第3メソッドで、かけ算の答えを出しましょう。

▶答えは125ページ

① $45 \times 65 =$

② $22 \times 82 =$

③ $64 \times 44 =$

④ $79 \times 39 =$

⑤ $35 \times 75 =$

⑥ $69 \times 49 =$

2ケタかけ算のドリルで「計算力」はかなりUP しているはずだよ！

11 「インド式かけ算」の第3メソッドで、かけ算の答えを出しましょう。

▶答えは125ページ

① $77 \times 37 =$

② $98 \times 18 =$

③ $19 \times 99 =$

④ $84 \times 24 =$

⑤ $71 \times 31 =$

⑥ $43 \times 63 =$

12 「インド式かけ算」の第3メソッドで、かけ算の答えを出しましょう。

▶答えは125ページ

① 27×87 = ☐

② 41×61 = ☐

③ 76×36 = ☐

④ 29×89 = ☐

⑤ 28×88 = ☐

⑥ 12×92 = ☐

「インド式かけ算」の
第3メソッドも、
もう完ぺきだ！

1 インド式かけ算【第1メソッド】 「計算力」どこまでついたかな？

　この本の最後の章は、「まとめテスト」です。「まとめテスト」で「インド式かけ算」のおさらいをしましょう。まずは第1メソッド。26、27ページを読みかえしてから、テストをすると計算しやすくなりますよ。

1 「インド式かけ算」の第1メソッドで、かけ算の答えを出しましょう。

▶答えは126ページ

① 12×14 =

② 16×13 =

③ 13×11 =

④ 14×15 =

⑤ 19×12 =

⑥ 15×18 =

⑦ 16×16 =

⑧ 17×12 =

2 「インド式かけ算」の第1メソッドで、かけ算の答えを出しましょう。

▶答えは126ページ

① 11×12 = ☐　　　② 17×14 = ☐

③ 15×15 = ☐　　　④ 12×18 = ☐

⑤ 16×17 = ☐　　　⑥ 13×15 = ☐

⑦ 18×14 = ☐　　　⑧ 14×19 = ☐

第1メソッドは
3章でやったよ！

インド式かけ算【第2メソッド】
「計算力」どこまでついたかな？

次は「インド式かけ算」の第2メソッドのおさらいをしましょう。50〜53ページを読みかえしてから、テストをすると計算しやすくなりますよ。

1 「インド式かけ算」の第2メソッドで、かけ算の答えを出しましょう。

▶答えは126ページ

① $23 \times 27 =$

② $39 \times 31 =$

③ $54 \times 56 =$

④ $48 \times 42 =$

⑤ $87 \times 83 =$

⑥ $75 \times 75 =$

⑦ $19 \times 11 =$

⑧ $63 \times 67 =$

2 「インド式かけ算」の第2メソッドで、かけ算の答えを出しましょう。

▶答えは126ページ

① 　43×47＝ □

② 　26×24＝ □

③ 　55×55＝ □

④ 　78×72＝ □

⑤ 　14×16＝ □

⑥ 　61×69＝ □

⑦ 　37×33＝ □

⑧ 　92×98＝ □

第2メソッドは4章でやったよ！

インド式かけ算【第3メソッド】
「計算力」どこまでついたかな？

次は「インド式かけ算」の第3メソッドのおさらいをしましょう。78～81ページを読みかえしてから、テストをすると計算しやすくなりますよ。

これで「インド式かけ算」の3つのメソッドすべてを、おさらいしたね。

1 「インド式かけ算」の第3メソッドで、かけ算の答えを出しましょう。

▶答えは126ページ

① $42 \times 62 =$

② $74 \times 34 =$

③ $15 \times 95 =$

④ $27 \times 87 =$

⑤ $33 \times 73 =$

⑥ $98 \times 18 =$

⑦ $41 \times 61 =$

⑧ $56 \times 56 =$

2 「インド式かけ算」の第3メソッドで、かけ算の答えを出しましょう。

答えは126ページ

① 14×94= ☐

② 79×39= ☐

③ 52×52= ☐

④ 45×65= ☐

⑤ 38×78= ☐

⑥ 86×26= ☐

⑦ 63×43= ☐

⑧ 21×81= ☐

第3メソッドは
5章でやったよ！

4 インド式かけ算【第1＆第2メソッド】最後に「計算力」をさらにUP！

次は「インド式かけ算」の第1メソッドと第2メソッドのどちらかを見分けて、計算してみましょう。落ち着いて考えれば、かんたんだよ。

1 インド式かんたん計算法で、かけ算の答えを出しましょう。

▶答えは 126 ページ

① 21×29 = ☐

② 11×17 = ☐

③ 16×14 = ☐

④ 58×52 = ☐

⑤ 13×13 = ☐

⑥ 15×19 = ☐

⑦ 34×36 = ☐

⑧ 18×18 = ☐

2 インド式かんたん計算法で、かけ算の答えを出しましょう。

▶答えは 126 ページ

① 18×13 = ☐

② 65×65 = ☐

③ 17×18 = ☐

④ 11×19 = ☐

⑤ 19×13 = ☐

⑥ 73×77 = ☐

⑦ 12×16 = ☐

⑧ 14×14 = ☐

＼ できるかな？ ＿＿

インド式かけ算【第2＆第3メソッド】
最後に「計算力」をさらにＵＰ！

次は「インド式かけ算」の第2メソッドと第3メソッドを混ぜたテスト。十の位が同じ？　一の位が同じ？　整理しながら進めましょう。

1 インド式かんたん計算法で、かけ算の答えを出しましょう。

▶答えは 127 ページ

① $19 \times 99 =$

② $86 \times 84 =$

③ $23 \times 83 =$

④ $67 \times 47 =$

⑤ $12 \times 18 =$

⑥ $54 \times 54 =$

⑦ $92 \times 12 =$

⑧ $49 \times 41 =$

2 インド式かんたん計算法で、かけ算の答えを出しましょう。

▶答えは 127 ページ

① 71×79 =

② 44×64 =

③ 22×28 =

④ 76×36 =

⑤ 96×94 =

⑥ 31×71 =

⑦ 16×96 =

⑧ 48×68 =

あと少し！

6 インド式かけ算【3つのメソッド】
最後に「計算力」をさらにUP！

　最後は「インド式かけ算」の3つのメソッドすべてを混ぜたテストをしましょう。これがスラスラできれば、「計算力」は満点レベルだよ！

1 インド式かんたん計算法で、かけ算の答えを出しましょう。

▶答えは 127 ページ

① 82×22 =

② 12×15 =

③ 51×51 =

④ 46×44 =

⑤ 29×89 =

⑥ 53×57 =

⑦ 16×15 =

⑧ 38×32 =

2 インド式かんたん計算法で、かけ算の答えを出しましょう。

▶答えは 127 ページ

① 16 × 11 = ☐

② 17 × 97 = ☐

③ 19 × 16 = ☐

④ 53 × 53 = ☐

⑤ 15 × 15 = ☐

⑥ 69 × 49 = ☐

⑦ 13 × 12 = ☐

⑧ 89 × 81 = ☐

＼最後だよ！／

解 答

1章 インド式かんたん たし算

14・15 ページ

● ① 補数 2　キリのよい数 90　　② 補数 3　キリのよい数 100

　③ 補数 1　キリのよい数 80　　④ 補数 4　キリのよい数 50

　⑤ 補数 4　キリのよい数 20　　⑥ 補数 2　キリのよい数 50

　⑦ 補数 3　キリのよい数 30　　⑧ 補数 1　キリのよい数 90

1 ① 補数 1　キリのよい数 30　A 48　答え 47

　② 補数 3　キリのよい数 50　A 94　答え 91

16・17 ページ

2 ① 補数 4　キリのよい数 30　A 45　答え 41

　② 補数 1　キリのよい数 50　A 74　答え 73

3 ① 51　補数 3　　② 75　補数 1　　③ 67　補数 1

　④ 62　補数 3　　⑤ 62　補数 4　　⑥ 81　補数 4

　⑦ 72　補数 2　　⑧ 76　補数 1

18・19 ページ

4 ① 90　補数 4　　② 92　補数 1　　③ 81　補数 2

　④ 95　補数 1　　⑤ 93　補数 2　　⑥ 91　補数 3

　⑦ 81　補数 4　　⑧ 52　補数 2　　⑨ 83　補数 2

　⑩ 92　補数 1

⑤ ① 83　　② 72　　③ 93　　④ 91　　⑤ 43

⑥ 91　　⑦ 65　　⑧ 92　　⑨ 82　　⑩ 83

2章	インド式かんたん ひき算

22・23 ページ

1 ① 補数 1　キリのよい数 20　A 32　答え 33

② 補数 2　キリのよい数 40　A 34　答え 36

2 ① 補数 3　キリのよい数 20　A 6　答え 9

② 補数 4　キリのよい数 20　A 21　答え 25

24・25 ページ

3 ① 58　補数 1　　② 15　補数 3　　③ 29　補数 2

④ 39　補数 4　　⑤ 16　補数 4　　⑥ 48　補数 2

⑦ 16　補数 2　　⑧ 37　補数 3　　⑨ 68　補数 1

⑩ 17　補数 4

4 ① 25　　② 35　　③ 16　　④ 55　　⑤ 5

⑥ 16　　⑦ 68　　⑧ 24　　⑨ 17　　⑩ 25

28・29 ページ

1 ① ア 24　イ 48　ウ 288　② ア 15　イ 06　ウ 156
　③ ア 23　イ 42　ウ 272　④ ア 22　イ 32　ウ 252
2 ① ア 17　イ 06　ウ 176　② ア 19　イ 14　ウ 204
　③ ア 27　イ 72　ウ 342　④ ア 21　イ 30　ウ 240

30・31 ページ

1 ① 18　　② 20　　③ 24　　④ 15　　⑤ 23　　⑥ 22
2 ① 19　　② 19　　③ 16　　④ 21　　⑤ 18
　⑥ 22　　⑦ 24　　⑧ 23　　⑨ 19

32・33 ページ

1 ① 15　　② 9　　③ 48　　④ 6　　⑤ 42　　⑥ 32
2 ① 8　　② 18　　③ 8　　④ 24　　⑤ 12
　⑥ 35　　⑦ 45　　⑧ 36　　⑨ 14

34・35 ページ

3 ① 28　　② 12　　③ 56　　④ 3　　⑤ 20
　⑥ 54　　⑦ 18　　⑧ 12　　⑨ 40
4 ① 7　　② 48　　③ 35　　④ 24　　⑤ 63
　⑥ 18　　⑦ 2　　⑧ 27　　⑨ 6

36・37 ページ

1 ① ア 18　イ 15　ウ 195　② ア 20　イ 09　ウ 209
2 ① ア 19　イ 08　ウ 198　② ア 19　イ 18　ウ 208
　③ ア 16　イ 08　ウ 168　④ ア 21　イ 24　ウ 234

38・39 ページ

3 ① ア 18　イ 12　ウ 192　② ア 22　イ 35　ウ 255
　③ ア 24　イ 45　ウ 285　④ ア 23　イ 36　ウ 266

4 ① ア 20　イ 21　ウ 221　② ア 21　イ 28　ウ 238
　③ ア 17　イ 12　ウ 182　④ ア 25　イ 56　ウ 306

40・41 ページ

5 ① ア 14　イ 03　ウ 143　② ア 19　イ 20　ウ 210
　③ ア 25　イ 54　ウ 304　④ ア 22　イ 27　ウ 247
　⑤ ア 15　イ 06　ウ 156　⑥ ア 13　イ 02　ウ 132
　⑦ ア 22　イ 32　ウ 252　⑧ ア 18　イ 07　ウ 187

42・43 ページ

1 ① 156　　② 224　　③ 221　　④ 266
　⑤ 225　　⑥ 216
2 ① 143　　② 240　　③ 204　　④ 270
　⑤ 342　　⑥ 238　　⑦ 198　　⑧ 209

44・45 ページ

3 ① 210　　② 221　　③ 342　　④ 256
　⑤ 323　　⑥ 180　　⑦ 208　　⑧ 306
4 ① 132　　② 224　　③ 165　　④ 289
　⑤ 252　　⑥ 154　　⑦ 209　　⑧ 195

46・47 ページ

5 ① 198　　② 196　　③ 195　　④ 209
　⑤ 304　　⑥ 165　　⑦ 210　　⑧ 272
6 ① 144　　② 285　　③ 306　　④ 176
　⑤ 228　　⑥ 169　　⑦ 192　　⑧ 143

48・49 ページ

7 ① 361　　② 240　　③ 168　　④ 247
　⑤ 324　　⑥ 192　　⑦ 266　　⑧ 225
8 ① 121　　② 216　　③ 272　　④ 168
　⑤ 285　　⑥ 288　　⑦ 154

51・52ページ

１ 44 と 46　68 と 62　　　２ 81 と 89　37 と 33

54・55ページ

１ ① 42　　　② 72　　　③ 12　　　④ 56

２ ① 30　　　② 2　　　③ 12　　　④ 72　　　⑤ 42

　　⑥ 6　　　⑦ 90　　　⑧ 20

56・57ページ

３ ① 42　　　② 2　　　③ 6　　　④ 30　　　⑤ 56

　　⑥ 12　　　⑦ 72　　　⑧ 20

１ ① 9　　　② 16　　　③ 21　　　④ 24

58・59ページ

２ ① 16　　　② 21　　　③ 24　　　④ 16　　　⑤ 9

　　⑥ 25　　　⑦ 24　　　⑧ 9

３ ① 9　　　② 21　　　③ 25　　　④ 24　　　⑤ 16

　　⑥ 9　　　⑦ 21　　　⑧ 16

60・61ページ

４ ① 16　　　② 9　　　③ 24　　　④ 21　　　⑤ 16

　　⑥ 25　　　⑦ 21　　　⑧ 24

１ ① ア 42　イ 16　ウ 4216　　　② ア 72　イ 21　ウ 7221

62・63ページ

２ ① ア 30　イ 09　ウ 3009　　　② ア 2　イ 25　ウ 225

　　③ ア 90　イ 24　ウ 9024　　　④ ア 72　イ 16　ウ 7216

　　⑤ ア 20　イ 24　ウ 2024　　　⑥ ア 6　イ 16　ウ 616

３ ① ア 90　イ 16　ウ 9016　　　② ア 42　イ 21　ウ 4221

　　③ ア 12　イ 25　ウ 1225　　　④ ア 56　イ 21　ウ 5621

　　⑤ ア 6　イ 09　ウ 609　　　⑥ ア 30　イ 16　ウ 3016

64・65 ページ

4 ① ア 56　イ 25　ウ 5625　② ア 42　イ 09　ウ 4209
　③ ア 6　　イ 24　ウ 624　　④ ア 72　イ 09　ウ 7209
　⑤ ア 12　イ 16　ウ 1216　⑥ ア 30　イ 25　ウ 3025
5 ① ア 90　イ 25　ウ 9025　② ア 56　イ 24　ウ 5624
　③ ア 12　イ 24　ウ 1224　④ ア 42　イ 16　ウ 4216
　⑤ ア 90　イ 09　ウ 9009　⑥ ア 20　イ 25　ウ 2025

66・67 ページ

1 ① 1209　② 5624　③ 7221　④ 625　⑤ 216　⑥ 1221
2 ① 7225　② 624　③ 2016　④ 9009　⑤ 4221　⑥ 3016

68・69 ページ

3 ① 1224　② 7209　③ 3021　④ 5625　⑤ 2009　⑥ 616
4 ① 224　② 5616　③ 4209　④ 9021　⑤ 2025　⑥ 7216

70・71 ページ

5 ① 2021　② 5609　③ 1216　④ 9024　⑤ 225　⑥ 621
6 ① 7224　② 221　③ 609　④ 3024　⑤ 9016　⑥ 1225

72・73 ページ

7 ① 3009　② 4216　③ 4225　④ 5624　⑤ 216　⑥ 1221
8 ① 1209　② 7216　③ 3021　④ 4224　⑤ 7209　⑥ 616

74・75 ページ

9 ① 3016　② 4221　③ 624　④ 209　⑤ 5621　⑥ 7225
10 ① 609　② 4216　③ 2024　④ 7221　⑤ 1216　⑥ 3009

76・77 ページ

11 ① 2021　② 4209　③ 5616　④ 3025　⑤ 221　⑥ 3024
12 ① 2009　② 9025　③ 224　④ 5621　⑤ 9016　⑥ 1224

5章 インド式かんたん かけ算【第3メソッド】

79・80 ページ

1 91 と 11　36 と 76　　2 47 と 67　84 と 24

82・83 ページ

1 ① 22　　② 28

2 ① 12　　② 28　　③ 22　　④ 33

84 ページ

3 ① 27　　② 16　　③ 21　　④ 25

86・87 ページ

1 ① 36　② 04　③ 25　④ 16　⑤ 01　⑥ 64　⑦ 09　⑧ 49

2 ① 81　② 16　③ 01　④ 36　⑤ 09　⑥ 64　⑦ 25　⑧ 04

88・89 ページ

3 ① 25　② 36　③ 01　④ 04　⑤ 16　⑥ 81　⑦ 49　⑧ 64

1 ① ア 22　イ 36　ウ 2236

90・91 ページ

2 ① ア 12　イ 09　ウ 1209　　② ア 28　イ 16　ウ 2816
　③ ア 22　イ 01　ウ 2201

3 ① ア 24　イ 64　ウ 2464　　② ア 27　イ 09　ウ 2709
　③ ア 16　イ 49　ウ 1649

92・93 ページ

4 ① ア 21　イ 25　ウ 2125　　② ア 25　イ 16　ウ 2516
　③ ア 25　イ 01　ウ 2501

5 ① ア 15　イ 36　ウ 1536　　② ア 28　イ 09　ウ 2809
　③ ア 32　イ 64　ウ 3264

94・95 ページ

1 ① 3081　　② 3025　　③ 1909

④ 2501 ⑤ 2304 ⑥ 3249

2 ① 1804 ② 1316 ③ 2925

④ 2736 ⑤ 3364 ⑥ 3381

96・97 ページ

3 ① 1104 ② 2409 ③ 2349

④ 3481 ⑤ 1001 ⑥ 2016

4 ① 2604 ② 2964 ③ 1536

④ 2709 ⑤ 2201 ⑥ 2601

98・99 ページ

5 ① 2125 ② 3264 ③ 2849

④ 1209 ⑤ 1701 ⑥ 2625

6 ① 1649 ② 2464 ③ 2816

④ 2809 ⑤ 2604 ⑥ 2581

100・101 ページ

7 ① 3136 ② 1881 ③ 3036

④ 2516 ⑤ 1764 ⑥ 1701

8 ① 1316 ② 2625 ③ 2601

④ 2604 ⑤ 2409 ⑥ 3264

102・103 ページ

9 ① 1209 ② 1425 ③ 3036

④ 2964 ⑤ 2304 ⑥ 1909

10 ① 2925 ② 1804 ③ 2816

④ 3081 ⑤ 2625 ⑥ 3381

104・105 ページ

11 ① 2849 ② 1764 ③ 1881

④ 2016 ⑤ 2201 ⑥ 2709

12 ① 2349 ② 2501 ③ 2736

④ 2581 ⑤ 2464 ⑥ 1104

106・107 ページ

1 ① 168 ② 208 ③ 143 ④ 210
　⑤ 228 ⑥ 270 ⑦ 256 ⑧ 204

2 ① 132 ② 238 ③ 225 ④ 216
　⑤ 272 ⑥ 195 ⑦ 252 ⑧ 266

108・109 ページ

1 ① 621 ② 1209 ③ 3024 ④ 2016
　⑤ 7221 ⑥ 5625 ⑦ 209 ⑧ 4221

2 ① 2021 ② 624 ③ 3025 ④ 5616
　⑤ 224 ⑥ 4209 ⑦ 1221 ⑧ 9016

110・111 ページ

1 ① 2604 ② 2516 ③ 1425 ④ 2349
　⑤ 2409 ⑥ 1764 ⑦ 2501 ⑧ 3136

2 ① 1316 ② 3081 ③ 2704 ④ 2925
　⑤ 2964 ⑥ 2236 ⑦ 2709 ⑧ 1701

112・113 ページ

1 ① 609 ② 187 ③ 224 ④ 3016
　⑤ 169 ⑥ 285 ⑦ 1224 ⑧ 324

2 ① 234 ② 4225 ③ 306 ④ 209
　⑤ 247 ⑥ 5621 ⑦ 192 ⑧ 196

114・115ページ

1 ① 1881　② 7224　③ 1909　④ 3149

　　⑤ 216　　⑥ 2916　⑦ 1104　⑧ 2009

2 ① 5609　② 2816　③ 616　　④ 2736

　　⑤ 9024　⑥ 2201　⑦ 1536　⑧ 3264

116・117ページ

1 ① 1804　② 180　　③ 2601　④ 2024

　　⑤ 2581　⑥ 3021　⑦ 240　　⑧ 1216

2 ① 176　　② 1649　③ 304　　④ 2809

　　⑤ 225　　⑥ 3381　⑦ 156　　⑧ 7209

最後まで
ありがとう
ございました！

ドリル版　インド式かんたん計算法

著　者——水野　純（みずの・じゅん）

発行者——押鐘太陽

発行所——株式会社三笠書房

　　　　〒102-0072　東京都千代田区飯田橋3-3-1
　　　　電話：（03）5226-5734（営業部）
　　　　　　：（03）5226-5731（編集部）
　　　　https://www.mikasashobo.co.jp

印　刷——誠宏印刷

製　本——若林製本工場

ISBN978-4-8379-2949-9 C0037